Mrs. Karthika Duraisamy
Dr. Deepak Sampathkumar
Dr. Murugan Perumal

Conceção de reactores para a produção de β-caroteno a partir de Dunaliella Salina

Mrs. Karthika Duraisamy
Dr. Deepak Sampathkumar
Dr. Murugan Perumal

Conceção de reactores para a produção de β-caroteno a partir de Dunaliella Salina

ScienciaScripts

Imprint

Cover image: www.ingimage.com

This book is a translation from the original published under ISBN 978-620-8-41912-7.

Publisher:
Sciencia Scripts
is a trademark of
Dodo Books Indian Ocean Ltd. and OmniScriptum S.R.L publishing group

120 High Road, East Finchley, London, N2 9ED, United Kingdom
Str. Armeneasca 28/1, office 1, Chisinau MD-2012, Republic of Moldova, Europe
Managing Directors: Ieva Konstantinova, Victoria Ursu
info@omniscriptum.com

Printed at: see last page
ISBN: 978-620-8-56952-5

FABRICO DE REACTORES DESCONTÍNUOS E CONTÍNUOS PARA A PRODUÇÃO DE ß- CAROTENO DE DUNALIELLA SALINA ESPÉCIE

RESUMO

Conceber o fotobiorreactor para isolar ß-caroteno da espécie Dunaliella Salina. O ß-caroteno está presente no vegetal comercial Cenoura. O ß-caroteno é rico em vitamina A. As deficiências de vitamina A podem ser curadas pelo ß-caroteno. Por isso, estamos a concentrar-nos na fonte alternativa da espécie de alga salina Dunaliella Salina. Esta espécie é rica em ß-caroteno, do qual a vitamina A actua como precursor. Analisar a composição bioquímica da Dunaliella salina sp. (teor de biomassa, proteínas e carotenóides) e também analisar o desempenho do crescimento da Dunaliella salina sp. em fotobiorreactor tubular, variando a concentração.

Bibliografia de autores de livros

Karthika Duraisamy, Professora Assistente, Departamento de Engenharia Química, Agni College of Technology, Chennai, Tamil Nadu, Índia. Concluiu o Mestrado em Engenharia Química na Anna University Chennai em 2011 e o Bacharelato em Engenharia Química e Eletroquímica no Central Electrochemical Research Institute, Karaikudi, em 2009. As suas áreas de investigação são o tratamento de águas residuais, a gestão de resíduos, os nanomateriais e os combustíveis alternativos. Publicou várias publicações nacionais e internacionais em revistas de referência, tais como Journal of Molecular Liquids, Process Safety and Environmental Protection, Journal of Sol-Gel Science and Technology.

Correio eletrónico:karthikacecri@gmail.com ; Número de telemóvel: +919994449859

ID do investigador: https://www.webofscience.com/wos/author/record/KVY-6654-2024

Dr. S. Deepak, Professor Associado, Departamento de Engenharia Mecânica e de Automação, Agni College of Technology, Chennai, Tamilnadu, Índia. É Doutor em Filosofia (Ph.D.) na Faculdade de Engenharia Mecânica do Centro de Investigação da Universidade de Anna. Tem 6 anos de experiência em investigação e ensino. Trabalhou como bolseiro de investigação júnior - Departamento de Ciência e Tecnologia sancionou o projeto interdisciplinar intitulado "Conceção e desenvolvimento de uma técnica de gestão de resíduos hospitalares para a eliminação segura de resíduos biomédicos" no Instituto Central de Engenharia Petroquímica e Tecnologia, Chennai, Tamil Nadu, Índia. Publicou revistas internacionais, revistas nacionais e comunicações orais e posters apresentados em várias conferências nacionais e internacionais.naamphd@gmail.com ;drdojrf@gmail.com ; Telemóvel; +917418326998/+917904991471

Google Scholar ID: https://scholar.google.com/citations?user=INNC2rgAAAAJ&hl=en

ORCID: https://orcid.org/0000-0002-4704-5367; Scopus Author ID: 57219343880

Dr. Murugan Perumal, Professor Associado e Diretor do Departamento de Engenharia Química, Agni College of Technology, Chennai, Tamilnadu, Índia. É Doutor em Filosofia (Ph.D) em Engenharia Química no Instituto Nacional de Tecnologia (NIT), Calicut, Kerala. Tem 13 anos de ensino e investigação. A sua área de investigação é o Tratamento de Águas Residuais, Tecnologia de Membranas, Bio-sorção, Nanomateriais e Nanocompósitos. Publicou várias publicações nacionais e internacionais em revistas de referência.

Correio eletrónico: murugannitc@gmail.com,

Número de telemóvel: +919746959147, +919994413034

ID do investigador: https://www.webofscience.com/wos/author/record/ISU-8491-2023

ÍNDICE DE CONTEÚDOS

CAPÍTULO 1

INTRODUÇÃO

1.1 GERAL

As microalgas, enquanto microrganismos fotossintéticos, podem produzir produtos valiosos utilizando dióxido de carbono e luz solar. A cultura de microalgas tem sido estudada há muito tempo como uma forma de capturar o carbono atmosférico responsável pelo efeito de estufa. Os fotobiorreactores foram utilizados para a cultura de microrganismos fotossintéticos, como microalgas, cianobactérias, células vegetais e bactérias fotossintéticas, para várias aplicações biotecnológicas. Existem também vários processos baseados em microalgas para a produção de produtos de tipo nutracêutico, como ácidos gordos polinsaturados (por exemplo, ácido eico-sapentaenóico e ácido docosa-hexaenóico) e carotenóides (por exemplo, ß-caroteno). Além disso, as culturas de microalgas fotossintéticas baseadas em bioreactores estavam a ser consideradas como parte do Sistema Ecológico Fechado de Apoio à Vida. O ß-caroteno é um composto lipofílico de alto valor e conhecido como provitamina A. O ß-caroteno é também aplicado nas indústrias alimentar, cosmética e farmacêutica como corante, antioxidante e agente anti-cancerígeno. A Dunaliella salina é a principal fonte de ß-caroteno natural. As microalgas verdes podem produzir e acumular ß-caroteno em condições de stress, como alta intensidade de luz, alta salinidade e desvalorização de nutrientes, até uma concentração de 10% do seu peso seco. No entanto, poucas delas têm um elevado valor comercial, o que exige um cultivo em grande escala, devido à técnica utilizada ou ao elevado custo de fabrico. O presente estudo concebeu um fotobiorreactor (PBR) com um volume de 10L, que se baseou nos princípios universais dos bioreactores, e que se destinava a ultrapassar os problemas acima referidos com que se depara o cultivo ao ar livre.

1.2 MICROALGAE

As microalgas são microorganismos microscópicos fotossintéticos. São um tipo de célula eucariótica e contêm organelos semelhantes, como os cloroplastos, o núcleo, etc. As microalgas são geralmente mais eficientes do que as plantas terrestres na utilização da luz solar, CO_2, água e outros nutrientes, o que se traduz em maiores rendimentos de biomassa e taxas de crescimento mais elevadas. Podem também crescer numa variedade de ambientes aquáticos e podem ser cultivadas sem a utilização de fertilizantes e pesticidas, o que resulta em menos resíduos e poluição.

1.3 UTILIZAÇÕES DAS MICROALGAS

As microalgas são utilizadas em vários domínios. A biomassa total de algas pode ser utilizada como fonte de proteínas ou podem ser extraídos produtos químicos valiosos (pigmentos, enzimas). Vários estudos mostraram o potencial das microalgas como agente terapêutico: preparações contendo Dunaliella salina mostraram ajudar a cicatrização de feridas, preparações contendo Cenedesmus foram testadas e mostraram efeitos no tratamento de certas doenças de pele, como o eczema, e alguns compostos de algas mostraram efeitos inibitórios no vírus HIV. As microalgas são já utilizadas como fonte de suplementos nutricionais, como aditivo para cosméticos, no tratamento de águas residuais e como fonte potencial de óleo para biocombustíveis.

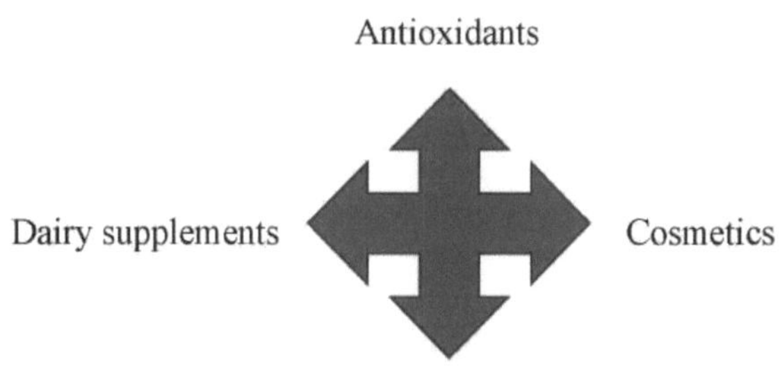

Fig. 1.1: Várias utilizações comerciais da microalga Dunaliella salina

1.4 BIOCOMBUSTÍVEIS DE MICROALGAS

A forma mais comum de produzir biocombustíveis a partir de microalgas é a produção de biodiesel a partir de lípidos (óleo) de algas através da transesterificação. Em comparação com os óleos de origem vegetal, o óleo de algas tem um teor relativamente elevado de carbono e hidrogénio e um baixo teor de oxigénio. Estas caraterísticas tornam as algas uma matéria-prima atractiva para o biodiesel, porque conduzem a um combustível com elevado teor energético, baixa viscosidade e baixa densidade. Na maioria dos casos, o biodiesel pode ser queimado diretamente num motor diesel normal, sem necessidade de mistura com diesel normal. A transesterificação de álcoois e lípidos é a reação química necessária para produzir biodiesel, sendo o glicerol produzido como subproduto. Os níveis totais de lípidos são geralmente o fator mais importante na consideração da aplicabilidade da biomassa de algas para a produção de biodiesel. No entanto, considerar apenas o teor total de lípidos é enganador, uma vez que apenas os lípidos neutros são convertidos em biodiesel durante a transesterificação. A melhor matéria-prima de algas para a produção de biodiesel é uma biomassa rica em lípidos neutros (Chisti 2007).

1.3 PRODUTOS NÃO COMBUSTÍVEIS DE MICROALGAS

1.5.1 Alimentação animal

devido à escassez das populações de peixes selvagens. À medida que a aquacultura se torna mais popular, a necessidade de alimentos para animais também aumenta. As algas podem servir como um ótimo alimento para várias formas de aquacultura, incluindo peixes, crustáceos e moluscos. Um fornecedor comum de ambos Nos Estados Unidos, a maioria dos alimentos para animais é derivada do milho ou da soja. Nos últimos anos, as algas têm recebido uma atenção crescente como uma fonte alternativa de alimentação que pode reduzir a procura destas duas culturas. As microalgas têm a vantagem, em comparação com as culturas alimentares convencionais, de poderem ser cultivadas em terras não férteis. Outra vantagem é o facto de muitas espécies terem um teor proteico superior ao dos produtos à base de soja e de milho. Em 2007, cerca de 30% de todas as algas cultivadas destinavam-se à alimentação animal. Nos próximos anos, se o cultivo de algas em grande escala para biocombustíveis for bem sucedido, uma enorme quantidade de resíduos de algas extraídos de lípidos terá de encontrar um mercado. O mercado mais óbvio é o das aplicações na alimentação animal. As aplicações mais prometedoras das algas na alimentação animal são a avicultura e a aquacultura. Há também interesse em utilizá-las como alimentos para bovinos, suínos, animais de estimação e vários outros animais. Prevê-se que a aquacultura mundial aumente drasticamente na próxima década. A proteína e o lípido para a aquacultura são a farinha de peixe, cujo preço depende fortemente da pesca de captura e das populações de peixes selvagens. As algas podem constituir uma fonte alternativa de proteínas e lípidos para estes animais (Borowitzka 1991).

1.5.2 Consumo humano

As microalgas foram consumidas pela primeira vez pelos chineses há cerca de 2000 anos para sobreviverem durante a fome. Nos tempos modernos, os seres humanos podem consumir algas inteiras em comprimidos, cápsulas, líquidos e incorporadas em vários outros produtos, incluindo massas, bebidas, gomas e snacks. As aplicações comerciais são dominadas por alguns géneros de algas. A Spirulina e a Chlorella dominam a produção mundial no que respeita ao consumo de algas de células inteiras. A maior unidade de produção de microalgas para alimentação humana é propriedade da Earthrise Farms. Esta instalação está localizada na Califórnia, EUA, e estende-se por uma área de 440.000 m^2. A maioria dos produtos à base de algas que os humanos consomem são produzidos a partir de uma porção específica de algas, e não de células inteiras. Estes produtos são normalmente tomados como suplemento em comprimidos ou cápsulas. Os compostos de algas mais comuns consumidos são os ácidos gordos ómega 3 e os ß-carotenos, ambos produzidos por algas especiais em condições de crescimento muito específicas. A Dunaliella salina é a espécie mais comum para a produção de ß-caroteno, devido à sua capacidade de produzir até 14% de peso seco deste produto. As espécies mais comuns para a produção dos ácidos gordos ómega 3 e do ácido eicosapentaenóico (EPA) são a Nannochloropsis, a Phaeodactylum e a Nitzschia.

1.5.3 Fertilizante

As algas podem ser cultivadas para fins específicos, tais como um elevado teor de lípidos para a produção de biodiesel. Uma vez extraídos os lípidos, a restante biomassa residual pode ser transformada em produtos de maior valor ou ser simplesmente utilizada como fertilizante. A biomassa residual das algas é normalmente rica em azoto, fósforo e outros compostos que beneficiam o crescimento das plantas terrestres. Isto torna-a muito atractiva como fertilizante.

1.5.4 Controlo da poluição

As microalgas podem servir como um ativo valioso para remover compostos indesejados do ar. O composto mais comum que as algas podem remover do ar é o CO_2, que é um importante gás de efeito estufa. As algas consomem CO_2 e libertam O_2 durante a fotossíntese. As microalgas consomem CO_2 de forma mais eficiente do que qualquer outro grupo de organismos no mundo. Devido às suas elevadas taxas fotossintéticas, as microalgas têm sido amplamente exploradas para consumir CO_2 de várias instalações de produção, tais como centrais eléctricas a carvão e fábricas de etanol de milho. Nalguns casos, uma instalação de produção de algas foi instalada em conjunto com um produtor de resíduos de CO_2 para utilizar o fluxo de resíduos de CO_2. Nos próximos anos, se os governos emitirem créditos para reduzir as emissões de CO_2, as microalgas poderão ser uma das pioneiras na remoção de CO_2 (Campbell 2003).

1.4 CULTIVO DE ALGAS

O crescimento das microalgas pode ocorrer em diferentes condições.

Estas podem ser condições autotróficas, utilizando luz e dióxido de carbono, condições heterotróficas, utilizando compostos orgânicos como fonte de energia e de carbono ou condições mixotróficas, utilizando luz e substrato orgânico como fontes de energia e CO_2 e substrato orgânico como fontes de carbono. Esta dissertação centrar-se-á apenas nas condições autotróficas das microalgas (Borowitzka 1991).

1.5 Factores que afectam a cultura de algas

O cultivo de microalgas requer condições ambientais específicas, incluindo gamas de temperatura, intensidades de luz, condições de mistura, composição de nutrientes e trocas gasosas. As diferentes espécies têm requisitos diferentes. De seguida, apresenta-se uma breve panorâmica destes requisitos de cultivo de algas.

1.7.1 Temperatura

Como muitos microrganismos, a taxa de crescimento das microalgas geralmente aumenta exponencialmente com o aumento da temperatura até atingir um nível ótimo. Uma vez atingido este nível, a taxa de crescimento diminui com o aumento da temperatura. Isto é muito importante quando se considera a cultura ao ar livre, onde a capacidade de controlar a temperatura é muitas vezes limitada e é frequentemente ditada pela temperatura ambiente e pela irradiação solar.

As temperaturas das culturas de algas flutuam até 25^0C entre o dia e a noite (Aaong et al., 2008). Esta flutuação torna muito difícil manter eficazmente a temperatura óptima de crescimento. Em geral, as temperaturas abaixo da gama óptima não matam as algas até a água congelar. No entanto, as temperaturas acima da óptima podem matar as algas. Foi demonstrado que as algas são particularmente frágeis a temperaturas elevadas em períodos de escuridão. Devido ao impacto que a variação de temperatura tem na cultura de algas, é importante selecionar uma espécie apropriada para as condições ambientais em que vai crescer.

1.7.2 Luz

A luz solar ou a luz artificial é a principal fonte de energia para as células fototróficas das algas. A disponibilidade de luz para as algas é crucial para as culturas de algas. Com intensidades de luz muito baixas, o crescimento líquido das algas é também muito baixo. A atividade fotossintética das células de algas aumenta com a intensidade da luz até atingir um ponto limite, em que novos aumentos da intensidade da luz deixam de aumentar a fotossíntese (ponto de saturação da luz). Intensidades superiores a este ponto podem danificar os receptores de luz nos cloroplastos das células e diminuir a taxa fotossintética, o que é conhecido como fotoinibição (Sforza et al., 2014). O sombreamento mútuo é um problema comum em culturas de alta densidade celular, pois as células mais próximas da superfície do líquido recebem a maior parte da luz disponível e as células abaixo ficam com muito pouca luz disponível. As microalgas estão adaptadas para serem muito eficientes na recolha de luz, mesmo a baixas intensidades de luz, o que lhes dá a capacidade de atingir densidades celulares muito elevadas. Tem sido efectuada uma extensa investigação para criar condições de cultura em que a luz possa ser distribuída uniformemente. Para conseguir uma distribuição homogénea da luz, os parâmetros, como a profundidade do líquido e a mistura, desempenham um papel fundamental.

1.7.3 Mistura

O sombreamento mútuo é um problema comum que limita a cultura de alta densidade celular e a mistura desempenha um papel importante para garantir que todas as células da cultura recebam uma quantidade igual de luz solar ou artificial. A mistura também desempenha um papel importante para permitir que as células absorvam melhor os nutrientes, minimizando a camada limite de película que envolve a célula.

1.7.4 Nutrientes

As algas necessitam de vários nutrientes inorgânicos para obter uma cultura saudável com elevada produtividade de biomassa. Estes nutrientes incluem macronutrientes, vitaminas e oligoelementos. Há ainda muito debate sobre quais são os níveis ideais destes nutrientes. Na maioria das culturas, os macronutrientes necessários são o azoto e o fósforo na proporção de 16N: 1P (Xin et al., 2007). Na maioria das culturas, no entanto, os nutrientes são frequentemente adicionados em excesso para minimizar a limitação de nutrientes. Normalmente, os metais vestigiais utilizados são sais quelatados de ferro, manganês, selénio, zinco, cobalto e níquel.

1.7.5 Troca de gases

Cerca de 45-50% das células das algas são constituídas por carbono, pelo que as algas necessitam de um consumo contínuo de carbono (Sevilla et al., 2010). Se não for fornecida uma fonte suplementar de carbono, o crescimento celular tornar-se-á rapidamente limitado. Nas culturas autotróficas, o carbono é mais frequentemente adicionado sob a forma de CO_2 juntamente com ar, que é geralmente borbulhado através de pedras de aspersão ou tubos perfurados, mas em alguns casos o CO_2 pode ser suplementado através de permutadores de gás flutuantes ou membranas de fibra oca.

Durante a fotossíntese, o CO_2 é consumido e o O_2 é libertado para o líquido.

Concentrações elevadas de O_2 causam danos foto-oxidativos na clorofila, o que inibe a fotossíntese e reduz a produtividade (9). Em sistemas como os lagos abertos, este problema não se coloca devido à grande área de superfície para a transferência de massa de O_2, mas em sistemas como os fotobiorreactores fechados, existem compartimentos adicionais conhecidos como câmaras de troca de gás que ajudam a troca de gás para reduzir os níveis de O_2 dissolvido.

O CO_2 é também frequentemente utilizado para manter um pH estável no sistema de cultura. À medida que o CO_2 é absorvido na fase líquida, é convertido em ácido carbónico, o que reduz efetivamente o pH. À medida que as algas consomem o ácido carbónico, o pH aumenta. Ao controlar os níveis de CO_2, o pH pode ser controlado de forma muito eficaz.

1.6 SISTEMAS DE CULTURA EM TANQUES ABERTOS

O tanque aberto é o sistema mais antigo para o cultivo em massa de microalgas. Neste sistema, o tanque tem geralmente entre 1-100 cm de profundidade. O sistema de cultura em tanque aberto mais comum consiste num tanque em forma de pista e o líquido é circulado à volta do tanque por uma roda de pás. Este sistema imita a forma como as algas crescem no seu ambiente natural. As pistas são normalmente feitas de betão vazado, ou são simplesmente escavadas na terra e revestidas com um forro de plástico. Estas pistas variam de alguns metros de comprimento a milhares de metros. Devido à escalabilidade e ao baixo custo de construção desses sistemas, eles são o sistema de cultivo mais popular (Ketheesan 2013).

Nos tanques abertos, a temperatura é muito difícil de controlar e geralmente flutua num ciclo diurno. A temperatura também depende da estação do ano. Um outro problema com os tanques abertos é que a perda de água por evaporação pode ser significativa. Devido às perdas significativas para a atmosfera, a utilização de CO2 é também muito menos eficiente do que nos fotobiorreactores. A concentração de biomassa permanece geralmente baixa, entre 0,1-1,5 g L -1. Isto deve-se principalmente ao facto de as pistas estarem mal misturadas e de não ser possível atingir uma intensidade de luz óptima (Hasan 2009).

Para além da baixa densidade celular, os lagos abertos estão frequentemente sujeitos a uma contaminação significativa por espécies nativas e, por isso, são adequados apenas para um pequeno número de espécies de algas. Geralmente, essas espécies podem tolerar ambientes extremos (tais como muito salinos ou alcalinos), de modo que as espécies invasoras não podem competir com as espécies desejadas.

Os canais de rega não são o único tipo de sistema de tanques abertos. Os tanques circulares também são utilizados para cultivar algas. Este sistema de cultivo é mais popular no tratamento de águas residuais. Estes tanques têm um braço rotativo localizado no centro que mistura as algas (Rodgers et al., 1998). Existem também tanques abertos não misturados para a cultura de algas. Os tanques não misturados permitem que as algas se depositem no fundo do reator, ao contrário de um tanque misto que mantém as algas suspensas. Estes tanques são normalmente usados para cultivar espécies específicas de algas e geralmente têm produtividades muito baixas.

1.7 FOTOBIORREACTORES FECHADOS

Os fotobiorreactores fechados (PBR) foram criados para ultrapassar os principais problemas associados às culturas em lagos abertos, incluindo as baixas densidades celulares, os problemas de contaminação, a evaporação, a regulamentação ambiental e as elevadas exigências em termos de terrenos. Os PBR são muito versáteis e podem ser instalados tanto no interior, com luz artificial, como no exterior, com luz natural. Os PBR são muito atractivos devido aos benefícios anteriormente referidos, mas, em comparação com um sistema de lagoas abertas, os PBR exigem investimentos de capital mais elevados e têm problemas de escalabilidade. Foram desenvolvidos muitos PBRs únicos; cada um tem vantagens e desvantagens. Os sistemas mais populares são discutidos a seguir.

1.9.1 Tubular PBR

O PBR mais utilizado é o tubular, que possui vários tubos transparentes, compostos de vidro ou plástico (Novakovic et al., 2005). A cultura circula através dos tubos, onde é exposta à luz para a fotossíntese, e depois regressa a um reservatório. Os tubos têm normalmente 10 cm ou menos de diâmetro, o que permite uma penetração suficiente da luz solar. A biomassa de algas é impedida de se depositar através da manutenção de um fluxo altamente turbulento dentro do reator com uma bomba mecânica ou uma bomba de transporte aéreo. Estes reactores tubulares podem ser utilizados tanto verticalmente como horizontalmente. Muitos destes sistemas requerem uma câmara de troca de gás para reduzir os elevados níveis de o2 dissolvido no líquido.

1.9.2 Transporte aéreo PBR

Um PBR airlift pode ser um simples cilindro vertical feito de vidro ou plástico transparente. Na parte inferior do tubo existe uma entrada de ar. Esta entrada de ar faz borbulhar ar através da coluna, o que permite a mistura e a troca de gases. Estes sistemas têm uma produtividade aérea em comparação com as algas cultivadas num reator tubular semelhante.

1.9.3 PBR helicoidal

Os PBR helicoidais são compostos por tubos transparentes paralelos enrolados à volta de um cilindro. A forma helicoidal é eficaz para aumentar a área de superfície que a luz solar consegue alcançar. Isto, por sua vez, pode aumentar a produtividade. Estes sistemas aumentam a produtividade em comparação com os PBR tubulares, mas devido à sua forma única e ao aumento do custo, não têm sido tão populares.

1.9.4 Painel plano (placa plana) PBR

Os painéis planos, também conhecidos como PBRs de placa plana, são essencialmente caixas rectangulares compostas por vidro ou plástico translúcido. O ar é borbulhado a partir do fundo, o que proporciona uma mistura e uma transferência de gás suficientes. Estes reactores podem ter deflectores que correm horizontalmente no interior do reator para ajudar a mistura e a eficiência da troca de gases. Devido ao aumento da área de superfície para que a luz chegue às células de algas, os PBRs de painel plano podem ter uma produtividade significativamente maior do que um sistema de tanque aberto.

1.9.5 Sistemas de cultura heterotróficos

A maioria das algas obtém energia da luz e é estritamente fototrófica. Algumas espécies de algas são capazes de utilizar substratos orgânicos como fonte de energia. Geralmente, a cultura de algas heterotróficas é efectuada em fermentadores, onde é possível efetuar um elevado grau de manipulação da cultura. Este método de cultivo pode ter muitas vantagens; por exemplo, pode utilizar tecnologias de fermentação bem estabelecidas, elevado grau de controlo do processo, boa repetibilidade da produção, eliminação da limitação da luz e custos de colheita mais baixos.

Na maioria dos casos, as algas cultivadas heterotroficamente podem conter uma concentração de lípidos muito mais elevada do que as algas da mesma espécie cultivadas fototroficamente. Um estudo mostrou que as células de Chlorella sp. acumulavam 55,2% de lípidos quando cultivadas heterotroficamente e apenas 14,6% quando cultivadas fototroficamente (NeumaraS et al., 2014). Embora a cultura de algas heterotróficas resulte geralmente em biomassa de algas com maior teor de lípidos, os recipientes de fermentação são geralmente muito caros. Por esta razão, as algas cultivadas heterotroficamente não têm sido consideradas viáveis para a produção de biodiesel, mas têm-se mostrado muito promissoras na produção de produtos de elevado valor, como os ácidos gordos ómega 3.

1.8 MODELOS CINÉTICOS DE CRESCIMENTO DE ALGAS

A compreensão dos mecanismos de crescimento das algas, a utilização de nutrientes e o desenvolvimento de modelos para prever a formação de biomassa são essenciais para melhorar e utilizar os fotobiorreactores. A modelação cinética do crescimento de microalgas tornou-se importante porque um modelo preciso é um pré-requisito para a conceção de um fotobiorreactor eficiente, a previsão do desempenho do processo e a otimização das condições de funcionamento. Os modelos cinéticos existentes foram classificados em três grupos, considerando:

i) um único fator de substrato (N, P e CO2),
ii) um fator de intensidade luminosa e
iii) múltiplos factores (por exemplo, tanto o substrato como a luz).

1.10.1 Modelos cinéticos de crescimento considerando um único fator de substrato

O crescimento das microalgas tem geralmente seis fases diferentes na cultura em descontínuo, que é o mesmo que o crescimento dos microrganismos: fase de atraso, fase exponencial, fase linear, fase de declínio do crescimento, fase estacionária e fase de morte. Na fase de atraso, o crescimento é retardado devido à presença de células não viáveis ou a ajustamentos fisiológicos em novos ambientes. Segue-se uma fase exponencial, em que as células crescem e se dividem como uma função exponencial do tempo. Durante este período, a intensidade da luz e os nutrientes não limitam o crescimento das microalgas. Na fase de crescimento linear, a divisão celular das microalgas abranda porque a luz se torna limitante, pelo que a biomassa das microalgas se acumula a um ritmo constante até que os nutrientes ou os inibidores do meio de cultura se tornem os factores limitantes. A fase de crescimento decrescente é caracterizada pela redução da taxa de divisão celular devido a factores limitantes, tais como nutrientes, dióxido de carbono e outros. A taxa de crescimento atinge então zero na fase estacionária porque os nutrientes no meio de cultura estão esgotados. Nesta fase, são acumulados produtos de armazenamento de carbono, como o amido e os lípidos neutros. A concentração de células de microalgas diminui rapidamente na fase de morte, também designada por fase de colapso, devido a um esgotamento de nutrientes, sobreaquecimento, perturbação do pH ou contaminação.

Em condições de saturação de luz, o crescimento das microalgas depende da disponibilidade de nutrientes, tais como fontes de azoto (N), fósforo (P) e carbono (C) em ambientes aquáticos. A maioria dos modelos cinéticos de crescimento é expressa em função de uma única concentração de nutrientes (Richmond 2013).

1.10.2 Modelos cinéticos de crescimento considerando um fator de luz

Para as microalgas fotoautotróficas em condições de saturação de nutrientes, a luz é um fator crítico para a atividade fotossintética relacionada com o metabolismo energético, uma vez que a luz insuficiente limita o crescimento das microalgas (Sasi et al., 2011). As microalgas necessitam de um nível de luz específico para atingir a taxa máxima de crescimento, designado por nível de luz saturado. Se a intensidade da luz for muito superior ao nível de saturação, o crescimento será inibido pela luz (designado por fotoinibição). Por outro lado, se a intensidade da luz for inferior ao nível de saturação, o crescimento será limitado pela luz (designado por limitação da luz). Por exemplo, em sistemas de cultura em massa ao ar livre (sistemas de cultivo com elevadas concentrações de microalgas), o crescimento das microalgas é limitado devido à dispersão da luz por uma camada superior espessa, onde ocorre uma elevada produtividade de microalgas. Por conseguinte, os modelos cinéticos de crescimento que têm em conta o efeito da luz são fundamentais para a conceção de fotobiorreactores e de tanques ao ar livre, a fim de otimizar o desempenho.

1.10.3 Modelos cinéticos de crescimento que consideram múltiplos factores

A limitação do crescimento de microalgas por vários nutrientes e pela luz, denominada colimitação, foi observada com frequência em ambientes naturais. A co-limitação de N, P e C orgânico para bactérias heterotróficas foi discutida por Thingstad (2013). Posteriormente, a cinética de crescimento dos microrganismos, incluindo o crescimento controlado por múltiplos nutrientes, foi revista por Kovarova-Kovar e Egli (1998). Para fornecer estimativas exactas do crescimento das microalgas, bem como uma melhor compreensão do crescimento, este conceito foi aplicado no desenvolvimento de modelos cinéticos. O pressuposto básico subjacente à co-limitação é que tanto os recursos múltiplos de nutrientes como a luz, e as suas interações, controlam o crescimento global das microalgas. Os modelos baseados na co-limitação podem ser organizados em dois tipos distintos de modelos: modelos de limiar e modelos multiplicativos. O modelo de limiar, também designado por lei do mínimo, baseia-se na hipótese de que a taxa de crescimento global é afetada pelo recurso mais limitado de entre todos os recursos necessários para o crescimento celular. Assim, a expressão matemática final do modelo é semelhante à dos modelos de crescimento que consideram um único fator. No entanto, a teoria subjacente ao modelo de limiar baseia-se no conceito de co-limitação, uma vez que todos os recursos possíveis foram considerados para construir os modelos cinéticos para o crescimento. A estrutura dos modelos de limiar é a seguinte:

$\mu = \mu max, min (f (x1, f(x2), f (x3)) ... f(xi))$

em que μmax, min é uma taxa de crescimento máxima em relação ao recurso mais limitado e f(xi) é uma função de múltiplos recursos limitados, tais como N, P, CO_2 e intensidade luminosa.

1.9 IMPORTÂNCIA DA LUZ

O processo de fotossíntese ocorre quando as plantas verdes utilizam a energia da luz para converter o dióxido de carbono (CO2) e a água (H2O) em hidratos de carbono.

A luz é a fonte de energia que impulsiona esta reação e, a este respeito, a intensidade, a qualidade espetral e o fotoperíodo devem ser considerados. A intensidade da luz desempenha um papel importante, mas os requisitos variam muito com a profundidade da cultura e a densidade da cultura de algas, em profundidades mais elevadas e concentrações de células a intensidade da luz deve ser aumentada para penetrar através da cultura (por exemplo, 1.000 lx é adequado para frascos erlenmeyer, 5.000-10.000 é necessário para volumes maiores). A luz pode ser natural ou fornecida por tubos fluorescentes. Uma intensidade de luz demasiado elevada (por exemplo, luz solar direta, recipiente pequeno perto de luz artificial) pode resultar em foto-inibição. Além disso, deve ser evitado o sobreaquecimento devido à iluminação natural e artificial. Deve dar-se preferência a lâmpadas fluorescentes que emitam luz azul ou vermelha, dado que estas são as partes do espetro luminoso mais activas para a fotossíntese. A duração da iluminação artificial deve ser de, no mínimo, 18 horas de luz por dia (Se-Kwon Kim et al., 2015).

1.11.1 Impacto da luz no crescimento das algas

O crescimento das algas é diretamente proporcional à intensidade da luz. Convencionalmente, as microalgas são cultivadas em Photo Bio Reator (PBR) com a ajuda da luz solar e da luz branca. Mas, para além disso, muitas luzes têm mais impacto no crescimento das algas.

1.11.2 Díodo emissor de luz (LED)

Um díodo emissor de luz (LED) é uma fonte de luz semicondutora de dois condutores. Trata-se de um díodo de junção P-N, que emite luz quando ativado. Quando é aplicada uma tensão adequada aos condutores, os electrões podem recombinar-se com os buracos de electrões no interior do dispositivo, libertando energia sob a forma de fotões. Este efeito é designado por eletroluminescência e a cor da luz (correspondente à energia do fotão) é determinada pelo intervalo de energia do semicondutor.

As vantagens dos LEDs, em comparação com os dispositivos de iluminação incandescentes e fluorescentes, incluem

- Baixa necessidade de energia.

- Alta eficiência.
- Longa duração.
- Qualidade duradoura.
- Ecologicamente correto.
- Zero emissões de UV.
- Funcionamento em temperaturas extremamente frias ou quentes.
- Baixa tensão.

Conjunto de díodos emissores de luz (LED), que pode fornecer apenas os comprimentos de onda de luz mais úteis para o crescimento das algas. As algas verdes contêm clorofila A e B na proporção (3 clorofila A: 1 clorofila B). O melhor arranjo de LEDs teria cores de LEDs correspondentes à maior absorção de luz das algas. A clorofila A tem dois picos de absorção, o primeiro em torno de 430 nm (cor azul/violeta) e o segundo em 660 nm (vermelho escuro). Os picos de absorção da clorofila B são 460 nm (azul) e 630 nm (vermelho). Em culturas mais maduras, a luz vermelha e azul é absorvida pelas células de algas mais próximas da fonte de LEDs (Eltringham, D et al., 2013).

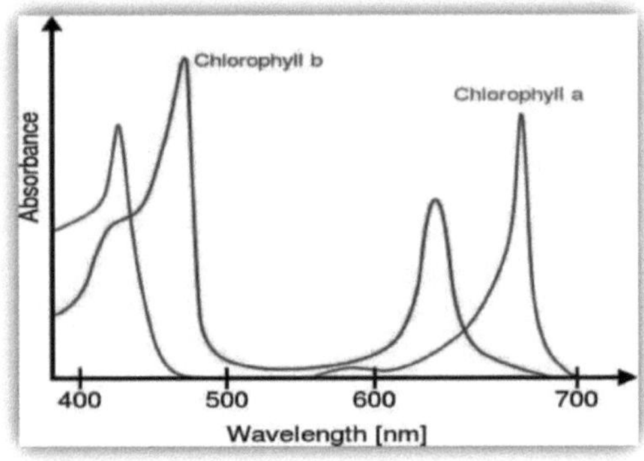

Fig 1.2: Representação gráfica dos comprimentos de onda de pico para a fotossíntese

CAPÍTULO 2

OBJECTIVOS

- Estudar o crescimento da espécie de microalga Dunaliella salina em frascos cónicos para obter o máximo de biomassa.
- Analisar a composição bioquímica da espécie Dunaliella salina (teor de biomassa, proteínas e carotenóides).
- Analisar o desempenho do crescimento da espécie Dunaliella salina em fotobiorreactor tubular através da variação da concentração.
- Estudar a otimização do fornecimento de CO_2 através do reator tubular para a utilização das algas.
- Analisar o consumo de energia durante o crescimento da espécie Dunaliella salina.

CAPÍTULO 3

REVISÃO DA LITERATURA

Ying Yang e Kunshan Gao (2003) investigaram os possíveis impactos do aumento dos níveis de CO2 no crescimento das algas e na fotossíntese. Testaram a influência da concentração de CO2 em três algas planctónicas (Chlamydomonas reinhardtii, Chlorella pyrenoidosa e Scenedesmus obliquus) e verificaram que as taxas de crescimento aumentam significativamente com o CO2. Determinaram também que o CO2 elevado pode exercer efeitos sobre o comportamento fotoinibitório das microalgas em diferentes graus, consoante a espécie.

Fernandez-Sevilla et al., (2010) descobriram que as microalgas possuem um teor de luteína mais elevado e uma produtividade cem vezes superior à da cultura da calêndula, com base no valor por metro quadrado. As microalgas são consideradas um recurso alternativo à calêndula em termos de custos de terra e de mão de obra nos países produtores e espera-se que venham a competir com a procura de luteína no futuro.

Xin et al., (2010) descobriram que é possível obter uma maior biomassa, densidade celular e produção de luteína de algas cultivando-as em condições heterotróficas e mixotróficas. Em condições mixotróficas, as algas podem absorver fontes de carbono orgânico e inorgânico para a fotossíntese e outras vias metabólicas. Foi demonstrado que a cultura mixotrófica resulta em taxas de crescimento e produtividades de biomassa mais elevadas.

Converti et al., (2009) relataram que os lípidos aumentariam de 5,9 para 14,7% quando a temperatura diminuísse de 30°C para 25°C em temperaturas superiores a 38°C. O ácido oleico, um ácido gordo ómega 9 monoinsaturado, aumentou a produção.

Peter S.C. Schulze et al., (2009) referiram que os díodos emissores de luz (LED) se tornarão uma das fontes de luz mais importantes do mundo e que é necessário considerar a sua integração em sistemas de produção de microalgas (fotobiorreactores). Os LED podem melhorar a qualidade e a quantidade de biomassa microalgal quando aplicados durante fases de crescimento específicas. No entanto, as microalgas necessitam de uma mistura equilibrada de comprimentos de onda para um crescimento normal e respondem à luz de forma diferente consoante os pigmentos adquiridos ou perdidos durante a sua história evolutiva.

Swaminathan Detchanamurthy et al., (2018) Meio de Dewalne (peso seco máximo 3,40 mg/L, contagem máxima de células 11280 células/ml, taxa média de crescimento 0,64 divisões/dia). A taxa de crescimento e a produção de metabolitos das células na concentração de 0,8 ml/L do meio foi comparável à das células cultivadas em meio inorgânico. Os níveis elevados de ß-caroteno (21,89% DW), hidratos de carbono (20,18% DW), proteínas (12,20% DW) e lípidos (30% DW) foram produzidos pelas células cultivadas no fertilizante orgânico devido à carência de azoto e fosfato.

Avinash Mishra et al., (2011) O número máximo de células e o crescimento ótimo de Dunaliella salina ocorreram a uma concentração de NaCl de 1,0 M, enquanto o crescimento reduzido ocorreu em meio de NaCl de 5,5 M. O número de células e a taxa de crescimento específico aumentaram com a concentração de NaCl de 0,5 M para 1,0 M, o que pode ser devido ao carácter halofílico da Dunaliella, tendo depois diminuído com o aumento da concentração de sal.

Aharon Oren (2005) O pigmento responsável pela coloração vermelha brilhante exibida pela D. salina, frequentemente designado nas literaturas mais antigas como hematocromo, já era reconhecido muito cedo como um carotenoide. Este artigo tenta traçar a origem de algumas das descobertas mais importantes que contribuíram para a nossa compreensão atual desta alga que desempenha um papel tão importante em muitos ambientes hipersalinos. O ß-caroteno, o principal carotenoide acumulado por D. salina e D. bardawil, é um químico valioso, muito procurado como corante alimentar natural, como pró-vitamina A (retinol), como aditivo para cosméticos e como alimento saudável.

EonSeon Jin et al., (2003) As algas verdes unicelulares do género Dunaliella desenvolvem-se em condições ambientais extremas, como alta salinidade, baixo pH, alta irradiância e temperaturas negativas. As espécies de Dunaliella são bem conhecidas na indústria biotecnológica das algas e são amplamente utilizadas para a produção de bioquímicos valiosos, como os carotenóides, e colhidas para produzir farinhas de algas secas, como ácidos gordos poli-insaturados e óleos para a indústria alimentar saudável e agentes corantes para as indústrias alimentar e cosmética. A Dunaliella permitiu o aumento do teor de carotenóides desta alga verde, tornando-a mais atractiva para aplicações biotecnológicas.

CAPÍTULO 4

MATERIAIS E MÉTODOS

4.1 Fonte de microalgas: A alga de ensaio Dunaliella salina foi obtida da coleção de culturas da Seagrass Tech Private Limited, Karaikal, Índia.

4.2 COMPOSIÇÃO MÉDIA

S. Não	Componentes	Quantidade
1.	Água destilada	1 L
2.	Cloreto de sódio	146 gm/L

4.2.1 Composição dos nutrientes

Tabela: Composição do meio de De Walne por litro

4.2.1.1 Composição da solução A

S. Não	Macronutrientes	Quantidade/L
1.	Nitrato de sódio	100 gm
2.	Sal dissódico de EDTA	45 gm
3.	Ácido bórico	33,6 gm
4.	Fosfato de sódio (monobásico)	20 gm
5.	Cloreto férrico	1,39 gm
6.	Cloreto de manganês	0,36 gm

4.2.1.2 Composição da solução B

S. Não	Macronutrientes	Quantidade/L
1.	Cloreto de zinco	2,1 gm
2.	Cloreto de cobalto	2,1 gm
3.	Molibdato de amónio	2,1 gm
4.	Sulfato de cobre	2,0 gm

4.2.1.3 Composição da solução C

S. Não	Macronutrientes	Quantidade/L
1.	Vitamina B12	10 mg
2.	Vitamina B1	20mg

Fig 4.2.1 Preparação da solução A, B, C

4.3 CONFIGURAÇÃO EXPERIMENTAL

4.3.1 Estudo caraterístico do crescimento da cultura (com fornecimento externo de CO_2)

O estudo do crescimento de algas foi efectuado num frasco cónico de 1000 ml. Prepara-se 1000 ml de solução salina, à qual se adiciona 1 ml da solução A e da solução B. De seguida, esta solução é esterilizada em autoclave a 1atm de pressão. Em seguida, a solução esterilizada é arrefecida. De seguida, adiciona-se a solução C. São retirados 100 ml da solução e substituídos por 100 ml de cultura-mãe. O fornecimento externo de CO_2 e de luz é efectuado todos os dias. A agitação manual é feita duas a três vezes por dia para distribuir uniformemente o meio às algas, de modo a acelerar o seu crescimento, e a amostragem é feita para monitorizar o crescimento das algas.

Fig 4.3.1 Configuração do frasco cónico (com alimentação externa de CO_2)

4.3.2 Estudo caraterístico do crescimento da cultura (com adição de $NaHCO_3$)

$$NaHCO_3 + H_2O \rightarrow Na^{+} + OH^{-} + CO_2 + H_2O$$

O estudo do crescimento de algas foi efectuado num frasco cónico de 1000 ml. Prepara-se 1000 ml de solução salina, à qual se adiciona 1 ml da solução A e da solução B. De seguida, esta solução é esterilizada em autoclave a 1atm de pressão. Em seguida, a solução esterilizada é arrefecida. De seguida, adiciona-se a solução C. Retiram-se 100 ml da solução e substituem-se por 100 ml de cultura-mãe. Adiciona-se bicarbonato de sódio ($NaHCO_3$) e luz. A agitação manual é efectuada duas a três vezes por dia para distribuir uniformemente o meio às algas de modo a acelerar o seu crescimento e a amostragem é feita para monitorizar o crescimento das algas.

Fig 4.3.2 Preparação do balão cónico (com adição de NaHCO3)

4.3.3 Fotobiorreactor de fluxo de tampão

As experiências foram realizadas num foto-biorreactor tubular com bomba peristáltica. Este é constituído por uma estrutura metálica rodeada por 16 tubos de acrílico ligados por tubos de borracha de silicone. Os tubos de acrílico (12 mm de diâmetro interno, 6 mm de espessura de parede e 500 mm de comprimento) foram posicionados com uma inclinação de 2% (1,15 °). Na parte inferior do reator, a cultura celular é alimentada conduzindo esta última para um frasco desgaseificador que se encontra na parte superior da estrutura. Este balão tem um tubo de vidro que contribui para reduzir a perda de água e de amoníaco por evaporação. O volume de trabalho foi de 10 L. O volume iluminado (nos tubos iluminados pelas lâmpadas fluorescentes) corresponde a cerca de 57% do volume total de trabalho. O fluxo de cultura foi de $\underline{40\ Lh^{-1}}$, a temperatura foi fixada em 24 ± 1 °C, e o pH foi de 9,5 ± 0,5 (Sanchez-Luna *et al,* 2007), controlado pela adição de CO_2 de um cilindro (Matsudo *et al.*, 2012).

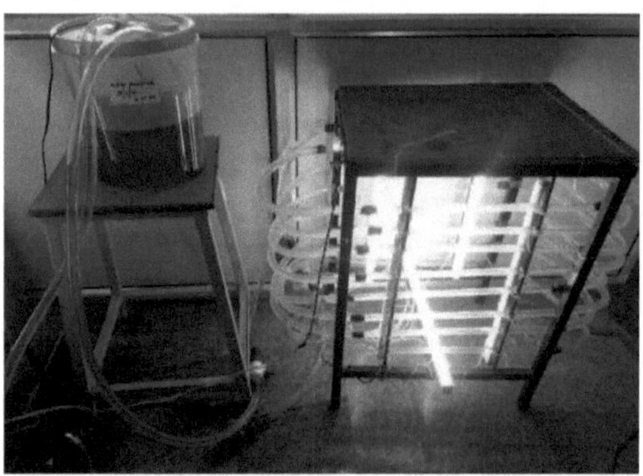

Fig 4.3.3 Configuração do biorreactor foto de fluxo de tampão

4.4 ANÁLISE EXPERIMENTAL

4.4.1 Estimativa de proteínas pelo método de Lowry

4.4.1.1 Processamento de amostras

São recolhidos 10 ml de amostra de algas e centrifugados a 1000 RPM durante 15 minutos. O sobrenadante é eliminado e o sedimento proteico é dissolvido por adição de 2 ml de solução de NaOH 2N, sendo retirado 1 ml para análise. O sedimento proteico foi dissolvido por adição de 2 ml de solução de NaOH 2N, sendo retirado 1 ml para análise.

4.4.1.2 Método de Lowry

O reagente I é preparado misturando 0,5 g de CuSO4 em 100 ml de solução de tartarato de sódio e potássio a 1%. O reagente II é preparado misturando 2 g de carbonato de sódio em 100 ml de solução de hidróxido de sódio a 0,1. O Reagente III é preparado misturando 2 ml do Reagente I com 50 ml do Reagente II. A 1 ml de amostra de proteína, adicionam-se 5 ml do Reagente III e deixa-se atuar durante 5 minutos. Adiciona-se 0,5 ml de reagente de Folin ciocalteu e mantém-se no escuro durante 30 minutos. Da mesma forma, o branco é preparado adicionando os reagentes a 1 ml de água destilada. O valor de absorvância da amostra em relação ao branco é registado a 660 nm. Preparar padrões de albumina de soro bovino com concentrações de 20, 60, 100, 140, 180 e 200 pg de proteína, adicionando os reagentes como indicado acima. A curva de calibração é preparada através da leitura do valor de absorvância das amostras padrão de albumina de soro bovino em relação ao branco a 650 nm. A partir da curva de calibração, determina-se a concentração da amostra de proteína.

4.4.2 Estimativa de carotenóides

Misturam-se 10 mg de células de algas (pellet seco após centrifugação), 10 ml de etanol e 1 ml de hidróxido de potássio a 60%, mantendo-os num banho de água a 50 °C durante 5 minutos. A solução é centrifugada a 6000 RPM durante 15 minutos e o sobrenadante é decantado e misturado com 10 ml de éter dietílico e 10 ml de solução de NaCl 1N numa ampola de decantação. Formam-se duas soluções líquidas imiscíveis, de cor amarela na parte superior e verde na parte inferior. A solução do fundo é rejeitada e adicionam-se 10 ml de solução de NaCl 1 N à solução amarela. Mais uma vez, formam-se duas soluções líquidas imiscíveis de cor amarela na parte superior e de cor verde pálida na parte inferior. A solução de cor verde pálida do fundo é agora descartada. A solução amarela restante contém os carotenóides extraídos e a sua absorvância é medida a 450 nm.

$$\text{Carotenoide total mg por grama de célula} = \frac{A_{665} \text{ X volume total extraído X 1000}}{\text{260 X mg de peso seco}}$$

4.4.3 Determinação do pH

Método: Potenciométrico

Procedimento:

Retirar os eléctrodos da solução de armazenamento, enxaguar, secar com um pano macio, colocar na solução tampão inicial e padronizar o medidor de pH de acordo com as instruções do fabricante. Retirar os eléctrodos do primeiro tampão, enxaguar abundantemente com água destilada, secar com um pano macio e mergulhar no segundo tampão, de preferência com um pH inferior a 2 unidades de pH do pH da amostra. Efetuar a leitura do pH, que deve estar dentro de 0,1 unidades do pH do segundo tampão. Determinar o pH da amostra utilizando o mesmo método procedimento como na alínea b), depois de estabelecido o equilíbrio entre os eléctrodos e a amostra. No caso de amostras tamponadas, isto pode ser feito mergulhando o elétrodo numa porção da amostra durante 1 minuto. Secar, mergulhar numa nova porção da mesma amostra e ler o pH. Com soluções diluídas mal tamponadas, equilibrar os eléctrodos mergulhando-os em três ou quatro porções sucessivas da amostra. Recolher uma nova amostra para medir o pH. Agitar suavemente a amostra durante a medição do pH para garantir a homogeneidade.

4.4.4 Estimativa da taxa de crescimento

A amostra com intensidade de luz constante de 24 horas e 1800 lux (medida através de luxímetro), para as microalgas. A contagem de células foi feita em intervalos regulares e as algas que se adaptaram bem e cresceram rapidamente foram selecionadas para o processo seguinte.

4.4.5 Medição do crescimento por contagem de células com hemocitómetro

As células foram contadas regularmente utilizando um hemocitómetro (ampliação de 10X) para verificar o crescimento das espécies inoculadas. Isto foi feito três vezes por dia e as leituras obtidas foram anotadas. Estes dados foram utilizados para calcular a contagem de células todos os dias.

4.4.6 Análise do peso seco

Para a análise do peso seco, foram colhidos 10 ml das amostras e pesados com papel de filtro previamente tarado. Estas foram secas numa estufa a 100 °C e, em seguida, foram medidos os pesos secos. Fórmula utilizada para o cálculo da taxa de crescimento utilizando pesos secos20.

$$\mu \text{ (divisões/dia)} = 3{,}322(\log DW2-\log DW1)/t2-t1$$

em que t = tempo (dia), DW = peso seco

CAPÍTULO 5

RESULTADOS E DISCUSSÃO

5.1 ESTUDOS COM BALÃO CÓNICO

O crescimento da alga Dunaliella salina sp. foi estudado em frascos cónicos durante um período de 16 dias em escala laboratorial. O crescimento da cultura foi comparado com estudos efectuados por agitação manual 2 vezes por dia em frascos agitados. Os estudos foram efectuados com luz artificial com uma intensidade de 3800 lux. O crescimento das algas observado é comparativamente optimizado nos estudos de fornecimento de CO_2, reduzindo a sedimentação das algas de modo a que a luz se disperse uniformemente por todo o frasco, onde o dióxido de carbono atmosférico é consumido pelas algas, resultando numa elevada produtividade da biomassa. Por conseguinte, a proteína e os carotenóides totais também se revelaram mais elevados. O desempenho do crescimento das algas é monitorizado através da análise dos seus produtos bioquímicos. As variações do teor de biomassa, proteínas e carotenóides totais ao longo dos dias são apresentadas nas figuras 5.1, 5.2 e 5.3 abaixo

5.1.1 Composição bioquímica das algas durante o estudo em frasco cónico

Os valores máximos de rendimento das composições bioquímicas das algas durante os estudos em frasco cónico são tabelados da seguinte forma

BIOQUÍMICA COMPOSIÇÃO MAX. VALOR	COM ADIÇÃO DE $NaHCO_3$	COM EXTERNO ABASTECIMENTO DE CO_2
Biomassa Teor (g/L)	5.5	5.7
Proteína (mg/L)	320	360
Carotenoide total (mg/L)	47	54

5.1.1.1Comparação das variações do teor de biomassa durante os estudos em frasco cónico

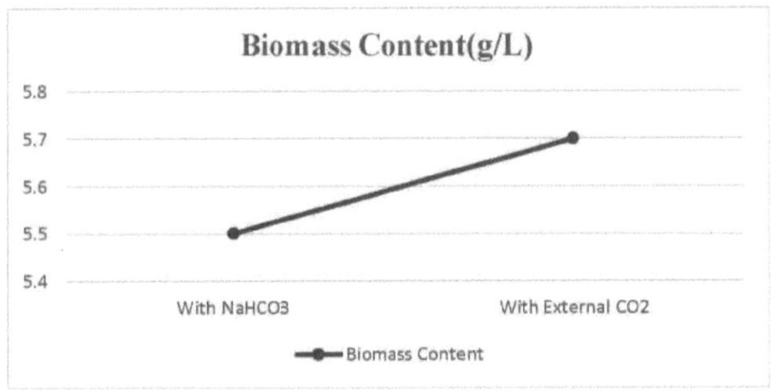

Fig 5.1.1.1 Efeito da condição no peso da biomassa

5.1.1.2 Comparação das variações das proteínas durante os estudos em frasco cónico

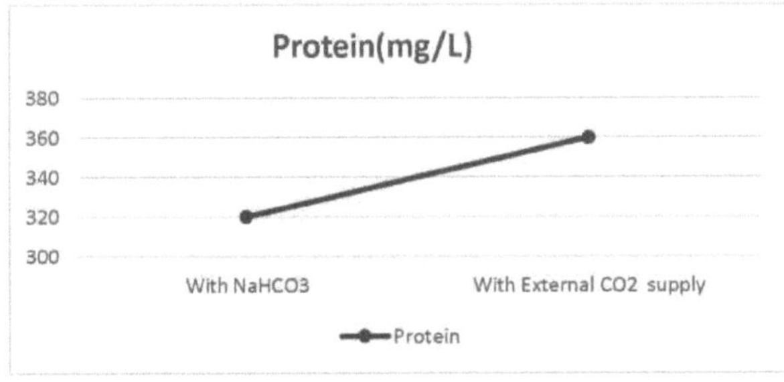

Fig 5.1.1.2 Efeito da condição no teor de proteínas

5.1.1.3 Comparação das variações dos carotenóides totais durante os estudos em frasco cónico

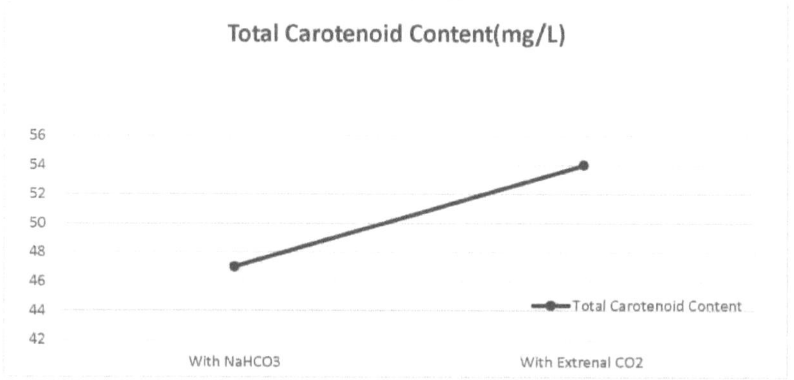

Fig 5.1.1.3 Efeito da condição no teor total de carotenóides

5.2 ESTUDOS EM FOTOBIORREACTORES DE FLUXO DE TAMPÃO

5.2.1 Composição bioquímica das algas durante o estudo do fotobiorreactor de fluxo de tampão

Os valores máximos de rendimento das composições bioquímicas das algas durante os estudos em fotobiorreactor de fluxo de Plug são tabelados da seguinte forma

BIOQUÍMICA COMPOSIÇÃO MAX. VALOR	COM ADIÇÃO DE $NaHCO_3$	COM ALIMENTAÇÃO EXTERNA DE CO2			
		0.5 LPM	1.0 LPM	1.5 LPM	2 LPM
BIOMASSA SECA	4.9	5.21	5.07	5.7	5.54
PROTEÍNA	290	316	324	348	332
TOTAL CAROTENÓIDE (mg/L)	42	40	44	52	49

5.2.1.1 Estudos de fotobiorreactores de fluxo de encaixe com fornecimento externo de CO_2

DIAS	CONTAGEM DE CÉLULAS	PESO SECO (mg/L)
0	95,000	2.3
2	1,02,500	2.7
4	1,37,500	3.24
6	2,45,000	3.8
8	4,37,500	3.97
10	7,55,000	4.02
12	8,22,450	4.38
14	10,82,500	4.89

5.2.1.2 Estudos em fotobiorreactor de fluxo de tampão com adição de $NaHCO_3$

DIAS	CONTAGEM DE CÉLULAS (células/ml)	PESO SECO (mg/L)
0	89,000	2.1
2	99,000	2.48
4	1,19,000	2.97
6	1,42,000	3.35
8	2,96,000	3.62
10	5,66,000	3.94
12	7,83,000	4.21
14	9,12,000	4.6

Figura 5.2.1 Efeito da condição na comparação da contagem de células

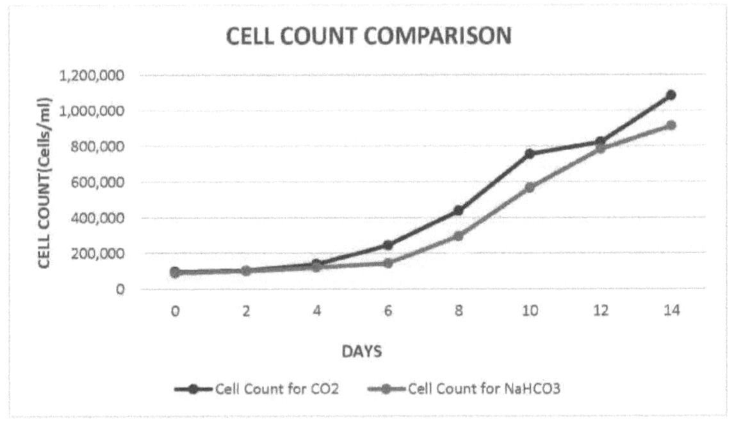

Figura 5.2.2 Efeito da condição na comparação do peso seco da biomassa

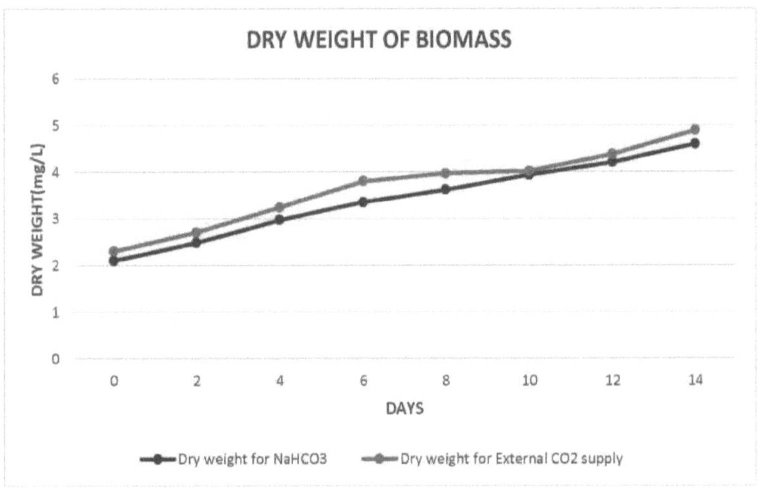

5.3 ANÁLISE EXPERIMENTAL

5.3.1Comparação das variações do teor de biomassa durante os estudos PFR

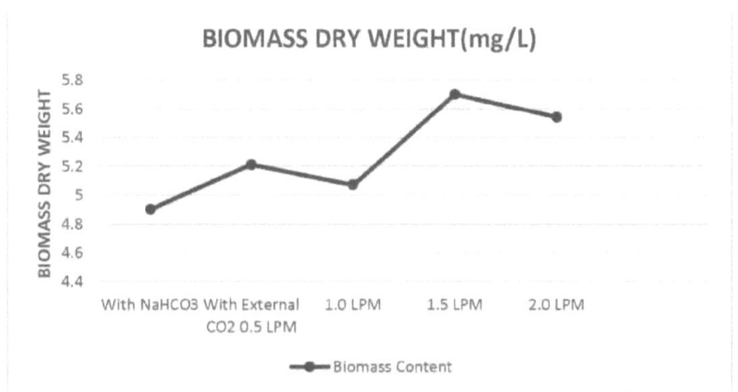

Fig 5.3.1 Efeito da condição no teor de peso seco da biomassa

5.3.2 Comparação das variações do teor de biomassa durante os estudos PFR

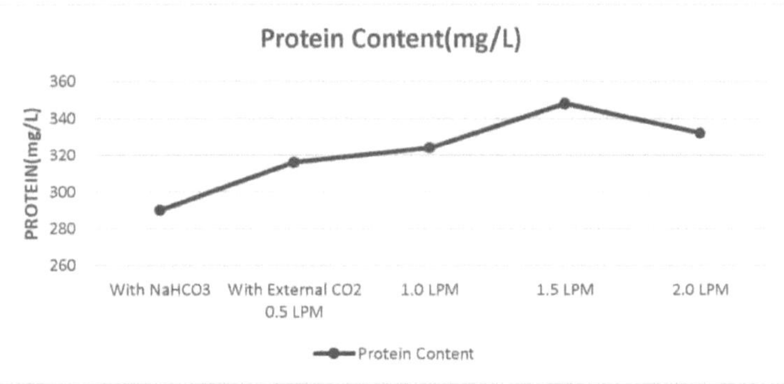

Fig 5.3.2 Efeito da condição no teor de proteínas totais

5.3.3 Comparação das variações do teor de biomassa durante os estudos PFR

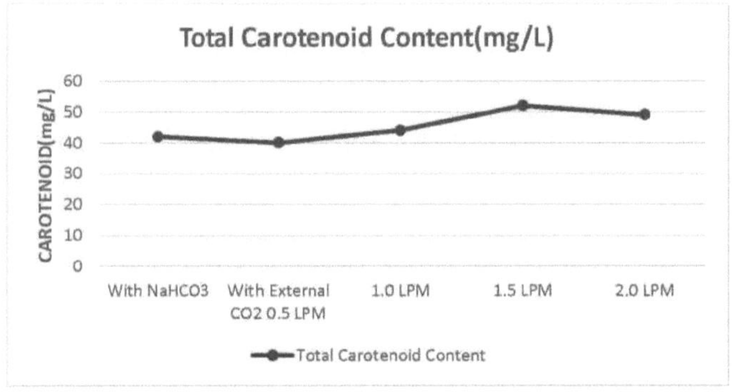

Fig 5.3.3 Efeito da condição no teor de carotenóides totais

CAPÍTULO 6

CONCLUSÕES

Este estudo examinou os vários efeitos da utilização do meio Dewalence no crescimento e expansão da *Dunaliella salina*. Sendo muito procurada para fins comerciais, o aumento dos níveis de produção da microalga *Dunaliella salina* tem interessado muitos países do mundo. Ao cultivar estes organismos em grande escala, torna-se necessário gerir as despesas e reduzir os danos ambientais para melhorar a qualidade e manter a sustentabilidade deste processo. Nesta base, foi utilizado o meio Dewalence e as células foram cultivadas em diferentes condições deste meio. Foi utilizada a taxa de crescimento e a produção de metabolitos das células numa concentração de 0,8 ml/L do meio. Além disso, as células são capazes de se adaptar e crescer eficazmente nas condições de nutrientes fornecidas. Não só o crescimento, mas também a produção de metabolitos é considerada eficaz neste meio. Assim, esta investigação dá início à ideia de utilização e é necessária uma investigação mais aprofundada para otimizar as condições de crescimento. Este estudo centrou-se na monitorização da produtividade da biomassa de algas em frascos cónicos e à escala do reator. As experiências iniciais realizadas em frascos cónicos produziram uma contagem máxima de células e um crescimento da biomassa de 11280 células/ml e 3,60 mg/L, respetivamente, e a composição bioquímica foi caracterizada. A concentração de proteínas foi de 210 mg/L nos frascos de meio com fornecimento externo de CO2 e, além disso, foi montado o fotobiorreactor de fluxo de ar e foram efectuadas experiências de crescimento para variar a taxa de fluxo de ar, fornecendo co2 atmosférico para o crescimento de algas. Os resultados mostram que a taxa de fluxo de ar optimizada é de 1,5 LPM num reator de fluxo de tampão para *Dunaliella salina sp.* As experiências produziram um crescimento máximo de uma contagem máxima de células e um crescimento de biomassa de 17726 células/ml e 3,63 mg/L, respetivamente, e as composições bioquímicas vs conteúdo de biomassa, proteínas e carotenóides totais foram de 3,63 mg/L, 184 mg/L e 65 mg/L, respetivamente.

CAPÍTULO 7

REFERÊNCIAS

1. Li J, Xu NS, Su WW (2003) Estimativa em linha de culturas em fotobiorreactores de microalgas de tanque agitado com base na medição do oxigénio dissolvido. Biochem Eng J 14:51-65
2. Leach G, Oliveira G, Morais R (1998) Produção de um produto rico em carotenóides por aprisionamento em alginato e secagem em leito de Xuid de *Dunaliella salina.* J Sci Food Agric 76:298-302
3. Ben-Amotz A (1995) Novo modo de biotecnologia *de Dunaliella*: Crescimento em duas fases para a produção de hcaroteno. J Appl Phycol 7:65-68
4. Shirai F, Kunii K, Sato C, Teramoto Y, Mizuki E, Murao S, Na- kayama S (2003) Cultivo de microalgas na solução do processo de dessalinização do tratamento de resíduos de molho de soja e utilização da biomassa de algas para fermentação de etanol, World J Microbiol Biotechnol 14(6):839-842
5. García-González M, Moreno J, Cañavate JP, Anguis V, Prieto A, Manzano C, Florencio FJ, Guerrero MG (2003) Condições para a cultura ao ar livre de *Dunaliella salina* no sul de Espanha. J Appl Phycol 15(3):177- 184
6. Lee YK (2001) Sistemas e métodos de cultura em massa de microalgas: As suas limitações e potencialidades. J Appl Phycol 13:307-315
7. Hejazi MA, Andrysiewicz J, WijVels RH (2003) Efeito da taxa de mistura na produção e extração de^-caroteno por *Dunaliella salina* em bioreactores de duas fases. Biotechnol Bioeng 84:591-596
8. Carlozzi, P., Pinzani, E., Caraterísticas de crescimento de *Arthrospira platensis* cultivada dentro de um novo fotobiorreactor de bobina fechada que incorpora um mandril para controlar a temperatura da cultura. Biotechnol. Bioeng., 90, p. 675-684 (2005).

9. Keshini Beetu..., Challenges and Opportunities in the Present Era of Marine Algal Applications.

Printed by Books on Demand GmbH, Norderstedt / Germany